HTML5
&CSS3

ドリルブック

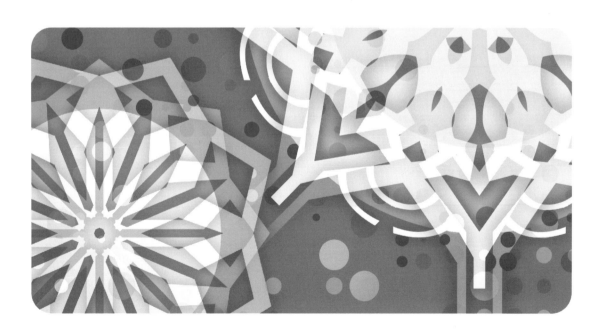

も く じ

本書に掲載している問題の「演習用ファイル」や「解答例のファイル」は、
以下の URL からダウンロードできます。

◆ ファイルのダウンロード URL
　https://cutt.jp/books/978-4-87783-848-5/

HTMLの基本と改行

01-1 HTMLの入力と保存

（1）テキストエディタ（Windowsの「**メモ帳**」など）を起動し、以下のHTMLを入力してみましょう。

```
 1   <!DOCTYPE html>
 2
 3   <html lang="ja">
 4
 5   <head>
 6     <meta charset="UTF-8">
 7   </head>
 8
 9   <body>
10   キャンプ サークル Monta
11   ほぼ毎週、キャンプを企画しているサークルです。
12   学内の方なら誰でも入会できます。
13   「勝手に現地集合」のソロキャンプも開催中！
14   </body>
15
16   </html>
```

※行番号は入力しなくても構いません。

（2）**演習（1）**で入力したHTMLを「**01-1-2camp.html**」という名前でファイルに保存してみましょう。

Hint：文字コードに「**UTF-8**」を指定し、**拡張子「.html**」で保存します。

※HTMLファイルのアイコンは、規定に設定しているWebブラウザに応じて変化します。

（3）「01-1-2camp.html」をダブルクリックして、Webブラウザで表示してみましょう。

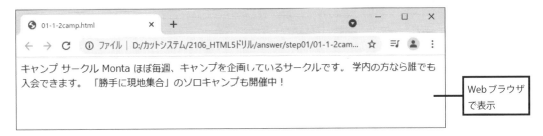

01-2　改行の挿入

（1）「01-1-2camp.html」を**テキストエディタ**で開き、**\<br\>** を記述して、以下のように**改行**してみましょう。

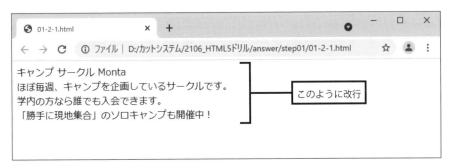

01-3　ページタイトルの指定

（1）**ページタイトル**に「キャンプ サークル Monta」という文字を指定してみましょう。

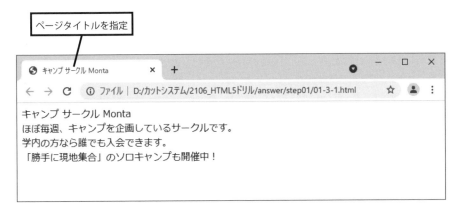

（2）**演習（1）**で作成したHTMLを「01-3-2camp.html」という名前でファイルに保存してみましょう。

Step 02 見出しと段落

02-1 見出しと段落の指定

（1）ステップ01で保存した「01-3-2camp.html」を開き、「キャンプ サークル Monta」の文字をレベル1の見出し（**h1要素**）にしてみましょう。

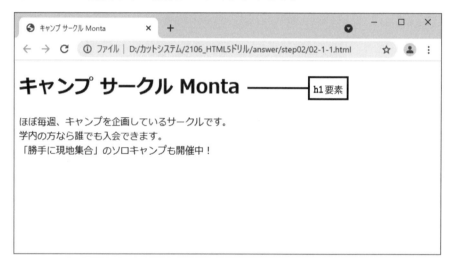

（2）以下の図に示した文字を **\<p\> ～ \</p\>** で囲み、1つの段落（**p要素**）にしてみましょう。

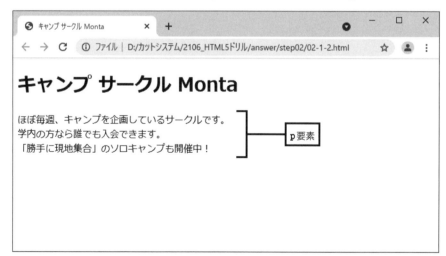

02-2　見出しと段落の追加

（1）ページに以下の文字を追加し、それぞれに**h2要素**、**p要素**を指定してみましょう。

> サークル説明会
>
> 入会を希望する方に向けて、サークル説明会を下記の日程で開催します。
>
> 興味がある方は、ぜひご参加ください。
>
> 日付：5月10日（火）
>
> 時間：14時〜15時
>
> 場所：中央キャンパス　2号館302講義室

Hint：改行する部分に **
** を記述します。

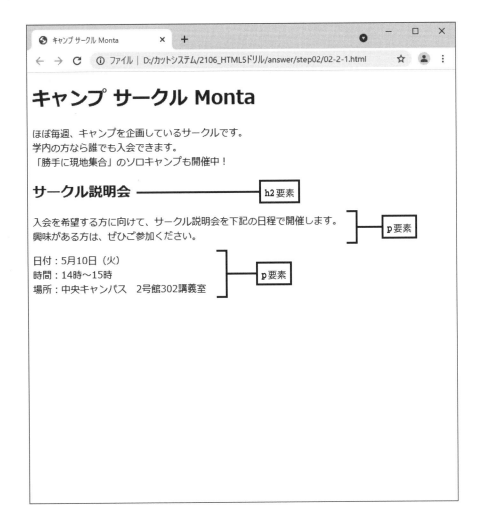

（1）以下の図に示した位置に**ヘアライン**を描画してみましょう。

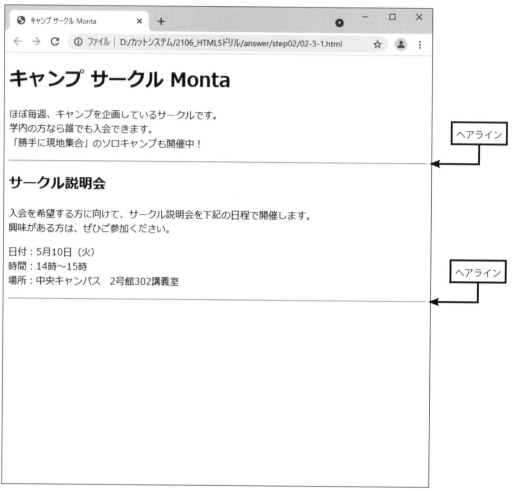

Hint：ヘアラインを描画する位置に **\<hr\>** を記述します。

（2）**演習（1）**で作成したHTMLを「**02-3-2camp.html**」という名前でファイルに保存してみましょう。

Step 03 文字の装飾

03-1 太字、斜体、マーカー強調の指定

（1）ステップ 02 で保存した「02-3-2camp.html」を開き、以下の図に示した文字を**太字**にして みましょう。

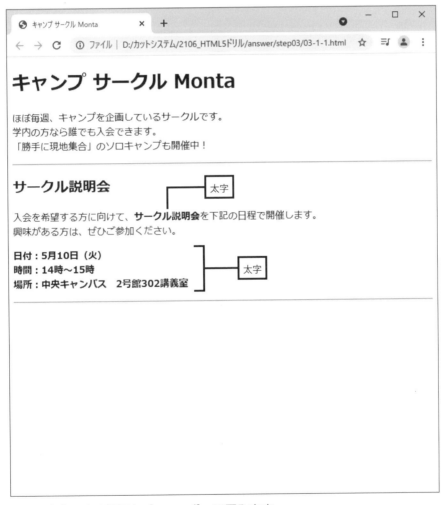

Hint：太字にする範囲を **** 〜 **** で囲みます。

（2）「Monta」の文字を**斜体**にしてみましょう。

Hint：斜体にする範囲を **<i>** ～ **</i>** で囲みます。

（3）「サークル説明会」の文字を**マーカー強調**にしてみましょう。

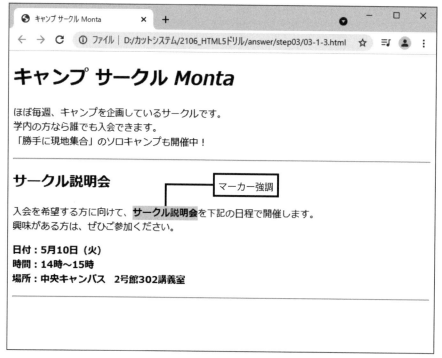

Hint：マーカー強調にする範囲を **<mark>** ～ **</mark>** で囲みます。

（1）以下の図に示した位置に「（※1）」の文字を挿入し、**太字、上付き文字**にしてみましょう。さらに、**p要素**で以下の文字を追加してみましょう。

（※1）2年生以上の方も入会できます。

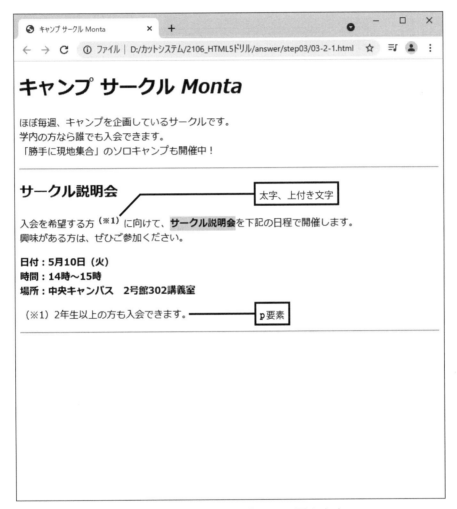

Hint：上付き文字にする範囲を **\<sup\> ～ \</sup\>** で囲みます。

（2）**演習（1）で作成したHTMLを「03-2-2camp.html」**という名前でファイルに保存してみましょう。

Step 04 画像の掲載

04-1 画像の配置

（1）ステップ03で保存した「03-2-2camp.html」を開き、**h2要素**で「**キャンプの様子**」という文字を追加してみましょう。さらに、以下の図のように**画像**を配置してみましょう。

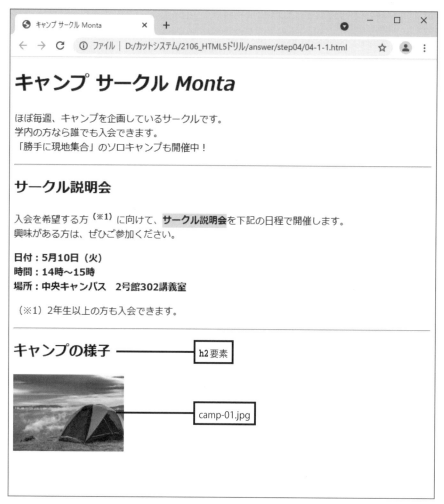

※「**演習用ファイル**」（画像ファイル）は、**https://cutt.jp/books/978-4-87783-848-5/** からダウンロードできます。

※HTMLファイルと**同じ**フォルダーに画像ファイルを保存します。

04-2 altテキストの指定

（1）先ほど配置した画像に「**テントと雲海**」という**alt**テキストを指定してみましょう。

（2）「**camp-01.jpg**」を別のフォルダー（デスクトップなど）へ移動した後、Webブラウザで**再読み込み**を実行してみましょう。

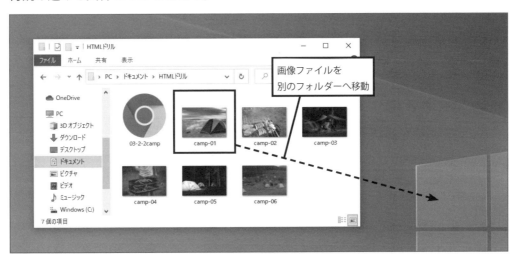

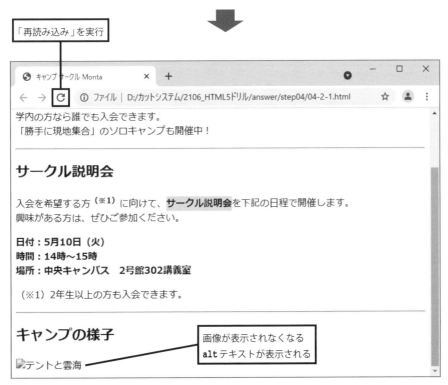

※確認できたら、画像ファイルを**元のフォルダー**に戻しておきます。

（1）以下の図のように2枚の画像を追加し、**alt**テキストを指定してみましょう。

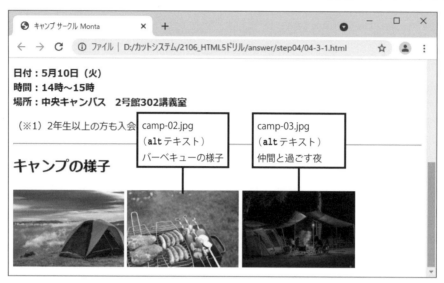

Hint：それぞれの**img**要素を改行して記述します。

（2）同様の手順で3枚の画像を追加し、**alt**テキストを指定してみましょう。

（3）Webブラウザの**ウィンドウサイズを変更**すると、**画像の配置**が変化することを確認して
みましょう。

（4）ウィンドウサイズを大きくしても、画像が3枚ずつ表示されるように**改行**を挿入してみま
しょう。

3枚目の後で改行する

Hint：画像は「大きな文字」として扱われるため、**\
**で改行できます。

（5）演習（4）で作成したHTMLを「**04-3-5camp.html**」という名前でファイルに保存してみま
しょう。

Step 05 リンクの作成

05-1 別サイトへのリンク

（1）ステップ04で保存した「04-3-5camp.html」を開き、以下の文字を**h2要素**、**p要素**で追加
してみましょう。

キャンプ関連のリンク
日本キャンプ協会
日本オートキャンプ協会
なっぷ（キャンプ場の検索）
TAKIBI（キャンプ場の検索）

（2）それぞれの文字に以下のURLへ移動する**リンク**を指定してみましょう。

■リンク先のURL

日本キャンプ協会 ………………………………	https://camping.or.jp/
日本オートキャンプ協会 ……………………	https://www.autocamp.or.jp/
なっぷ（キャンプ場の検索）…………………	https://www.nap-camp.com/
TAKIBI（キャンプ場の検索）………………	https://www.takibi-reservation.style/

Hint：リンクは**a要素**で作成し、**href**属性にリンク先のURLを指定します。

05-2 別のページへのリンク

（1）演習用ファイル（exercise）の「step05」にある「photo」フォルダーを以下の図のように
配置してみましょう。
※「演習用ファイル」は、https://cutt.jp/books/978-4-87783-848-5/ からダウンロードできます。

■演習用ファイル

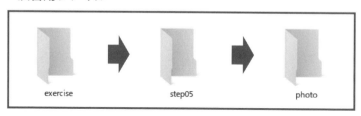

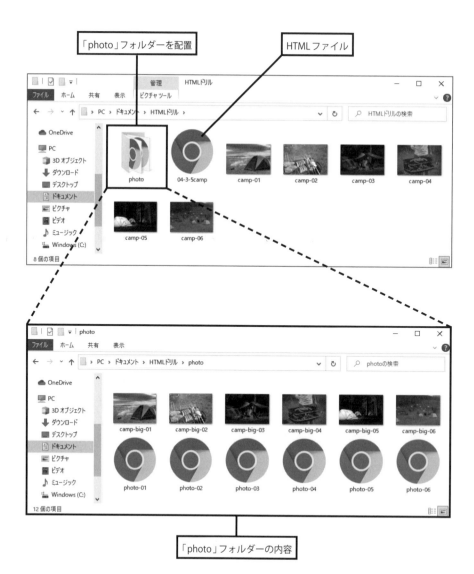

（2）「camp-01.jpg」の画像に「photo-01.html」へ移動するリンクを指定してみましょう。

Hint：**a要素**の**href**属性を記述するときに、「photo」フォルダーへの**パス**を記述するのを忘れないようにしてください。

（3）同様の手順で、残りの5枚の画像に「photo-02.html」〜「photo-06.html」へ移動するリンクを作成してみましょう。

クリックすると…、

「photo-03.html」へ移動する

05-3 元のページを維持したままリンク先を開く

（1）「日本キャンプ協会」のリンクをクリックすると、リンク先が**新しいタブ**に表示されるように HTML を変更してみましょう。

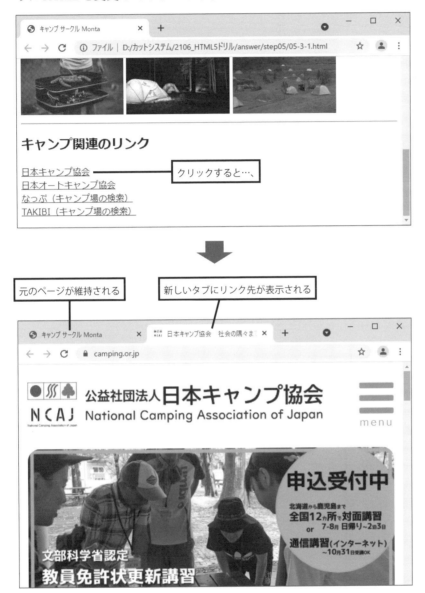

Hint：a要素に`target`属性を追加し、`"_blank"`を指定します。

（2）残りの3個のリンクも、リンク先が**新しいタブ**に表示されるように HTML を変更してみましょう。

（3）**演習（2）**で作成した HTML を「**05-3-3camp.html**」という名前でファイルに保存してみましょう。

（1）演習用ファイル（exercise）の「step05」にある「05-4-0.html」を開き、それぞれの「見出し」へ移動するページ内リンクを指定してみましょう。

※「演習用ファイル」は、https://cutt.jp/books/978-4-87783-848-5/ からダウンロードできます。

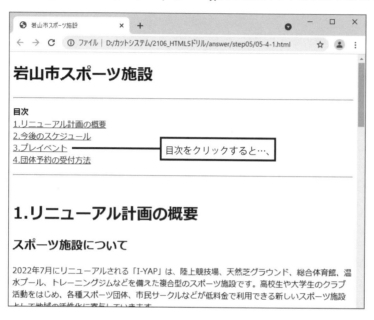

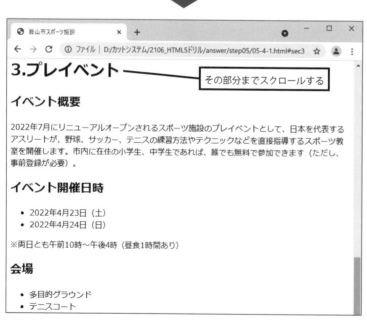

Hint：①移動先となる「見出し」（**h1**要素）に **"sec1"**、**"sec2"**、**"sec3"**、**"sec4"** のID名を指定します。

②目次の文字に **a**要素で「ページ内リンク」を指定します。

Step 06 CSSの基本

06-1 style属性を使ったCSSの指定

（1）ステップ05で保存した「05-3-3camp.html」を開き、**style**属性を使って、以下の図のように CSS を指定してみましょう。

■**h2**要素に指定するCSS

```
background-color:black; color:white;
```

■**p**要素に指定するCSS

```
font-size:12px;
```

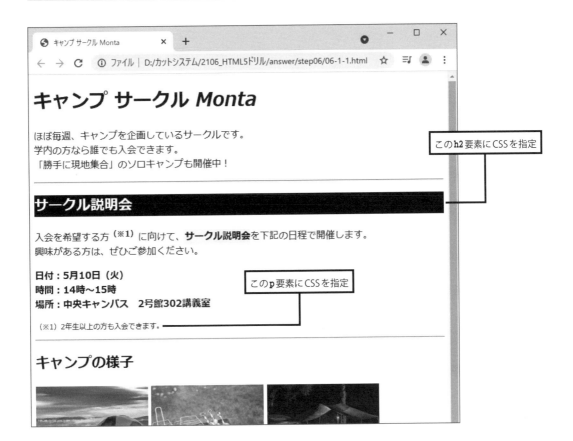

このh2要素にCSSを指定

このp要素にCSSを指定

（1）P27で**h2要素**に指定した**style**属性を削除し、**すべてのh2要素**を対象に、以下のCSSを指定してみましょう。

```
background-color: black;
color: white;
```

Hint：\<head\> 〜 \</head\> 内に **\<style\> 〜 \</style\>** を記述し、この中にCSSを記述します。

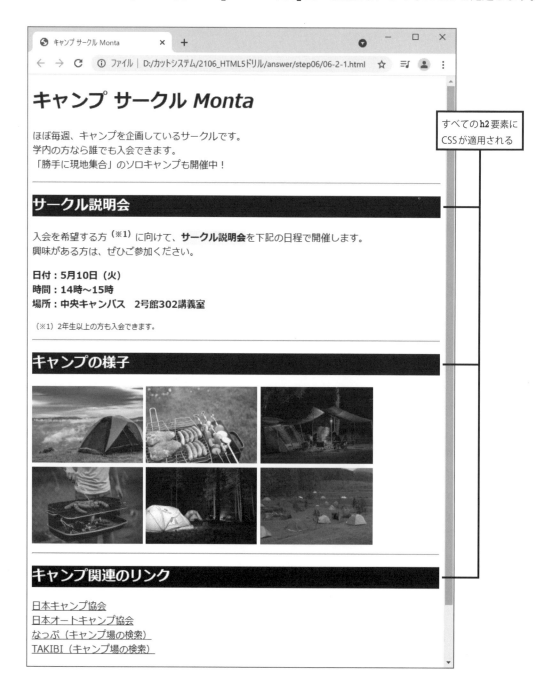

すべての**h2**要素に
CSSが適用される

（2）同様の手順で、**すべてのp要素**を対象に、以下のCSSを指定してみましょう。

```
font-family: serif;
font-weight: bold;
```

（1）P27で**p要素**に指定した**style属性**を削除し、この**p要素**に **"note"** という**クラス名**を指定してみましょう。続いて、**"note"** の**クラス名**を対象に、以下のCSSを指定してみましょう。

```
font-size: 14px;
color: grey;
```

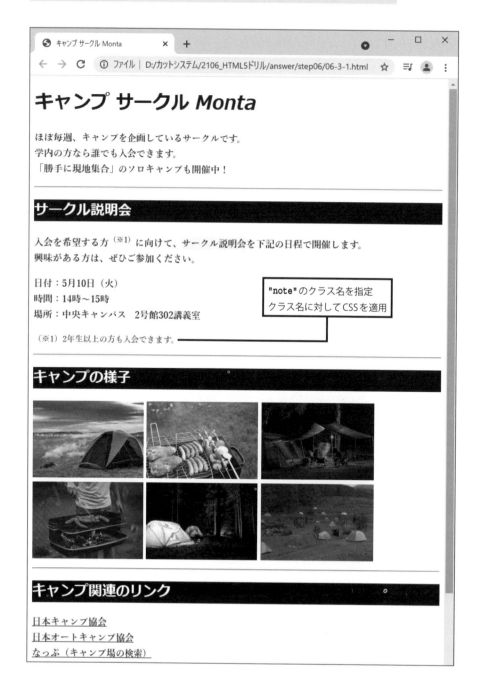

（2）ページ内にある**<hr>**（ヘアライン）を**すべて削除**してみましょう。

Hint：**<hr>**を削除した行は、そのまま**空白行**として残しておきます。

（3）**演習（2）**で作成したHTMLを「**06-3-3camp.html**」という名前でファイルに保存してみましょう。

Step 07 文字書式のCSS

07-1 文字サイズ、文字色、フォント、太字、下線の指定

（1）ステップ06で保存した「06-3-3camp.html」を開き、**<style>** ～ **</style>** の中に記述したCSSをすべて削除してみましょう。

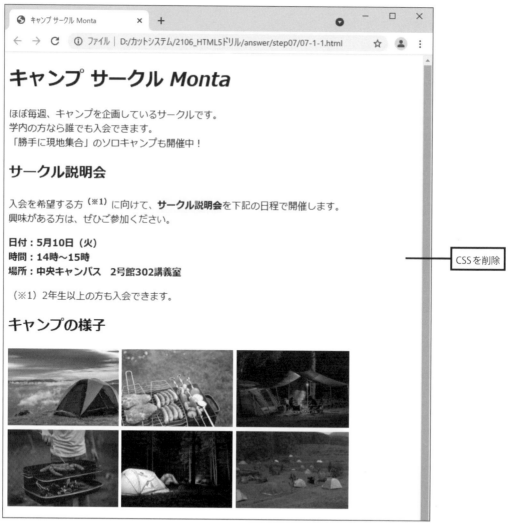

CSSを削除

Hint：**<style>** と **</style>** の記述は、そのまま残しておきます。

（2）すべての**h2**要素を対象に、以下の書式を指定してみましょう。

> 文字サイズ …………………… **28px**
>
> 文字の色 ……………………… **darkgreen**（濃い緑色）

> **Hint**：文字サイズは**font-size**プロパティで指定します。
>
> 　　　　文字の色は**color**プロパティで指定します。

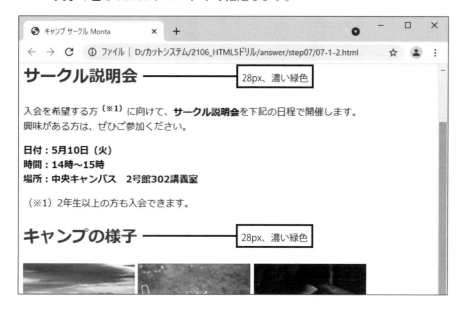

（3）**"note"**のクラス名を対象に、以下の書式を指定してみましょう。

> 文字サイズ …………………… **14px**
>
> 文字の色 ……………………… **red**（赤色）
>
> 装飾線 ………………………… 下線

> **Hint**：装飾線は**text-decoration**プロパティで指定します。

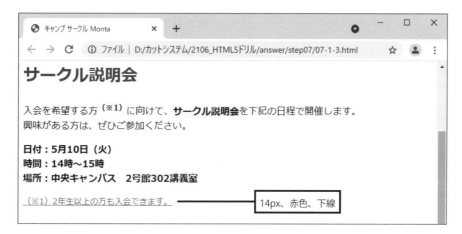

（4）以下の図に示した**p要素**から**\<b\>**と**\</b\>**を削除してみましょう。続いて、この**p要素**に**"card"**というクラス名を指定し、**"card"**のクラス名を対象に、以下の書式を指定してみましょう。

文字サイズ ……………… **18px**
文字の色 ………………… **red**（赤色）
フォント（書体）………… 明朝体
文字の太さ ……………… 太字

Hint：フォント（書体）は**font-family**プロパティで指定します。
　　　文字の太さは**font-weight**プロパティで指定します。

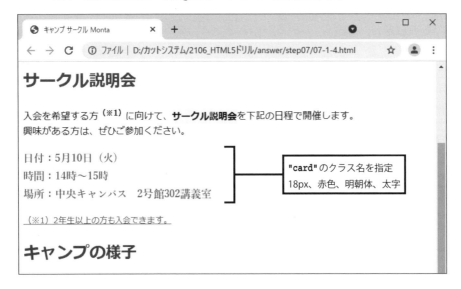

（5）**"card"**のクラス名に指定した「明朝体」の書式を削除してみましょう。

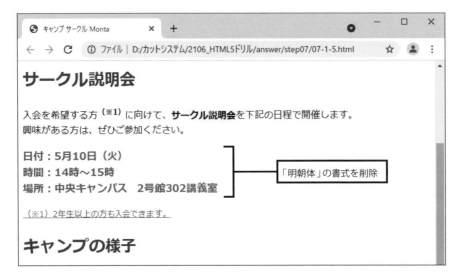

（1）**"card"** のクラス名に、以下の**書式**を追加してみましょう。

行間 ………………………………… **2.5**

Hint：行間は **line-height** プロパティで指定します。

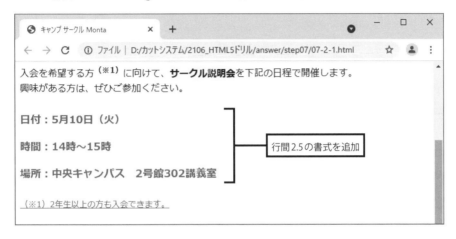

（2）**すべての p 要素**を対象に、以下の**書式**を指定してみましょう。

行揃え …………………………………… **中央揃え**

Hint：行揃えは **text-align** プロパティで指定します。

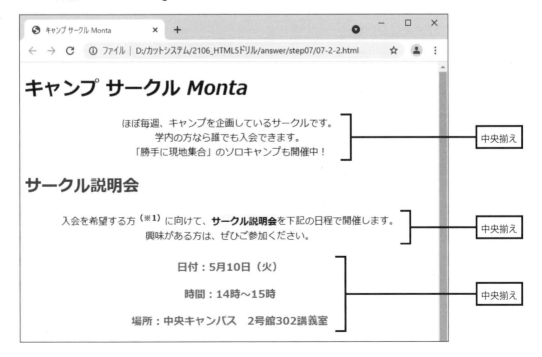

（3）演習（2）で指定したCSSを削除してみましょう。続いて、ページ全体が「中央揃え」になるように、**body**要素を対象に、以下の書式を指定してみましょう。

行揃え ……………………………… 中央揃え

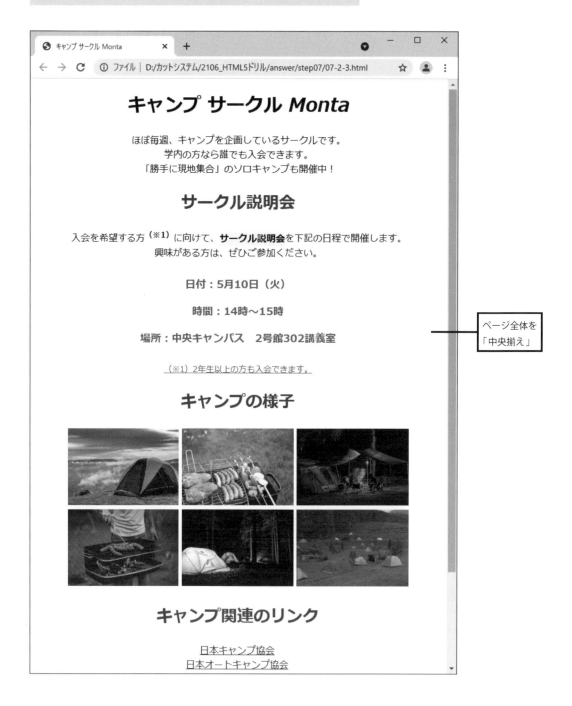

ページ全体を「中央揃え」

（4）演習（3）で作成したHTMLを「07-2-4camp.html」という名前でファイルに保存してみましょう。

Step 08 背景のCSS

08-1 背景色の指定

（1）ステップ07で保存した「07-2-4camp.html」を開き、**mark**要素と **"card"** のクラス名に、以下の書式を指定（追加）してみましょう。

■ **mark**要素に指定する書式

背景色 ·································	**#FF9966**

■ **"card"** のクラス名に追加する書式

背景色 ·································	**#EEEECC**

Hint：背景色は**background-color**プロパティで指定します。

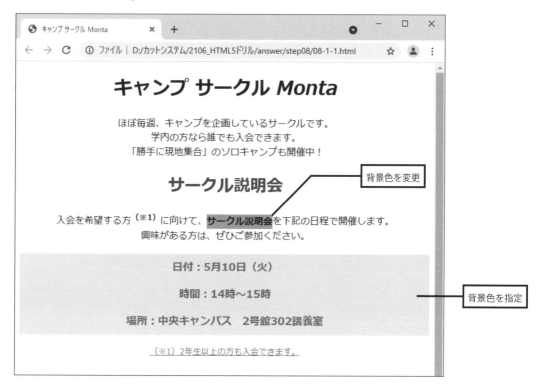

（2）**body**要素に、以下の書式を追加してみましょう。

背景色 ………………………………	#333333
文字の色 …………………………	#FFFFFF

背景：暗い灰色、文字：白色

（3）RGBの16進数を使って、**body**要素の背景色を好きな色に変更してみましょう。

08-2 背景画像の指定

（1）**body**要素に指定した「**背景色**」の書式を削除してみましょう。続いて、**body**要素の背景に「**night.jpg**」の画像を指定してみましょう。

背景：night.jpg

※背景の画像ファイルは、**https://cutt.jp/books/978-4-87783-848-5/** からダウンロードできます。
※HTMLファイルと**同じフォルダー**に画像ファイルを保存します。

（2）**body**要素に指定した背景画像の位置、サイズ、スクロールを以下のように変更してみましょう。

位置 ………………………	**center**（左右中央）
サイズ ………………………	**cover**（要素に合わせて拡大／縮小）
スクロール ………………	**fixed**（固定）

Hint：位置は**background-position**プロパティで指定します。

サイズは**background-size**プロパティで指定します。

スクロールは**background-attachment**プロパティで指定します。

背景の配置を変更

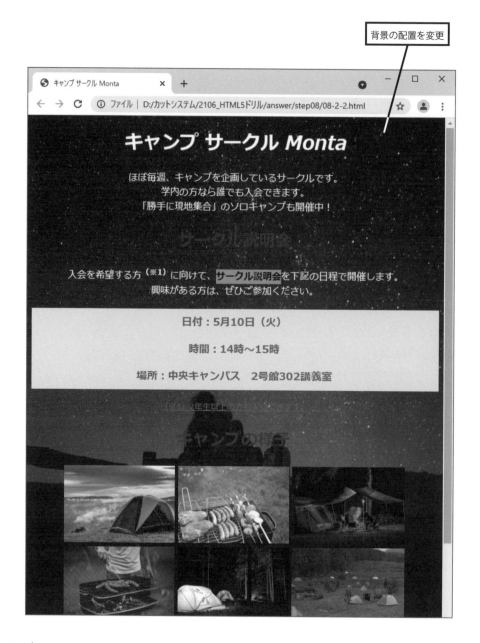

（3）**body**要素に指定した「背景画像」の書式を削除してみましょう。続いて、文字の色が「黒色」（初期値）に戻るように、「**文字の色**」の書式も削除してみましょう。

背景画像を削除、文字：黒色（初期値）

（4）演習（3）で作成したHTMLを「**08-2-4camp.html**」という名前でファイルに保存してみましょう。

Step 09 サイズ、枠線、余白のCSS

09-1 枠線の指定

（1）ステップ08で保存した「08-2-4camp.html」を開き、**"card"** のクラス名に、以下の書式を追加してみましょう。

枠線 ……………………………（線種）実線 、（太さ）**4px** 、（色）**#FF9933**

Hint：枠線は **border** プロパティで指定します。

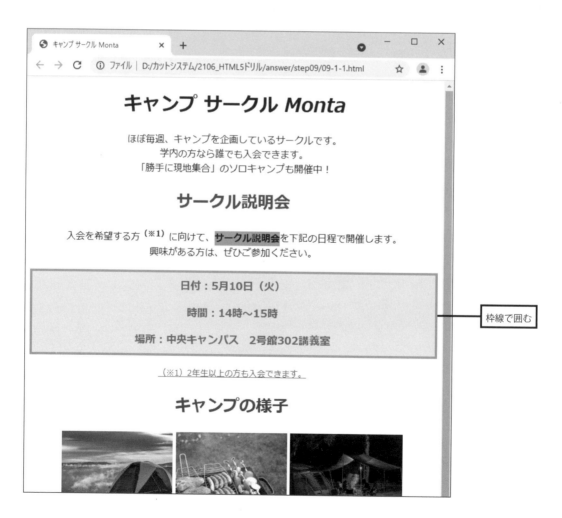

（2）**h2**要素に、以下の書式を追加してみましょう。

枠線 ……………………………（線種）実線、（太さ）**3px**、（色）**darkgreen**

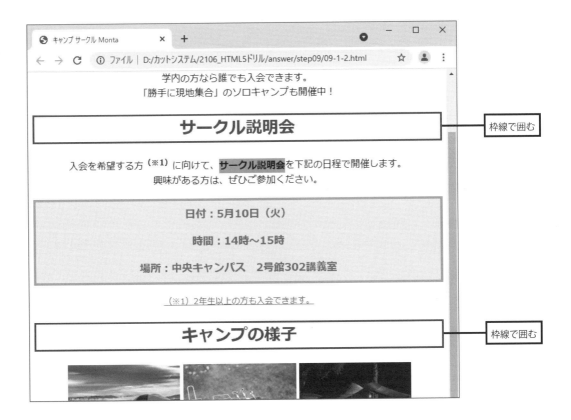

枠線で囲む

枠線で囲む

（3）**h2**要素の枠線を下の枠線だけに変更してみましょう。

Hint：下の枠線は**border-bottom**プロパティで指定します。

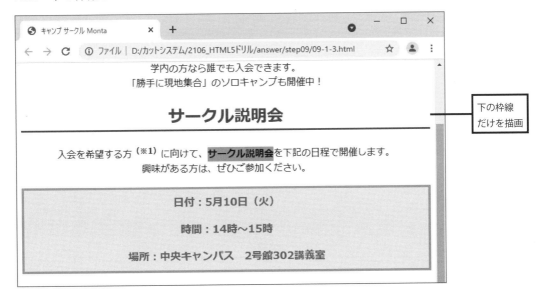

下の枠線
だけを描画

（1） **h1**要素と **"card"** のクラス名に、以下の書式を指定（追加）してみましょう。

　　■**h1**要素に指定する書式

　　　背景色 ································ **darkgreen**
　　　文字の色 ····························· **white**
　　　内部余白 ····························· **20px**

　　■ **"card"** のクラス名に追加する書式

　　　内部余白 ···························· **15px**

　　Hint：内部余白は**padding**プロパティで指定します。

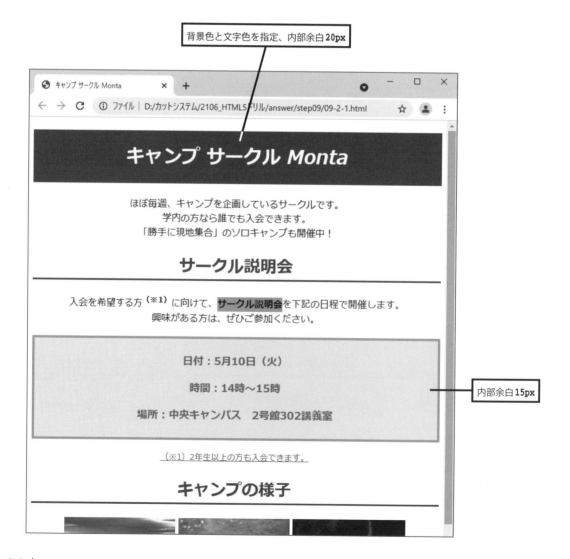

背景色と文字色を指定、内部余白**20px**

内部余白**15px**

（1）**h1要素**、**h2要素**、**"card"** のクラス名に、以下の書式を追加してみましょう。

■ **h1要素**、**h2要素**に追加する書式

幅 ······························· **650px**

■ **"card"** のクラス名に追加する書式

幅 ······························· **400px**

Hint：幅は**width**プロパティで指定します。

09-4 外部余白の指定

（1）**h1要素**、**h2要素**、**"card"** のクラス名に、以下の書式を追加して**中央揃え**にしてみましょう。

外部余白 ……………………… **auto**

Hint：外部余白は**margin**プロパティで指定します。

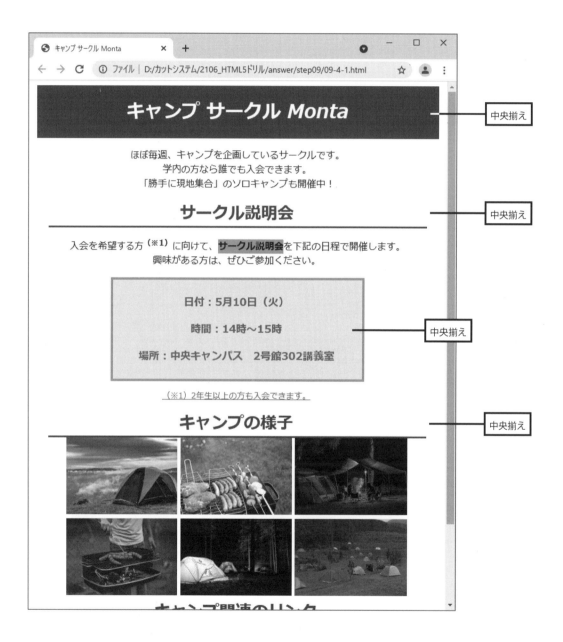

（2）**h2**要素の**外部余白**を以下のように変更してみましょう。

外部余白 ……………………（上）**50px**、（左右）**auto**、（下）**16px**

Hint：「上」、「左右」、「下」の外部余白を指定するときは、**半角スペース**で区切って**3つの値**を
marginプロパティに記述します。

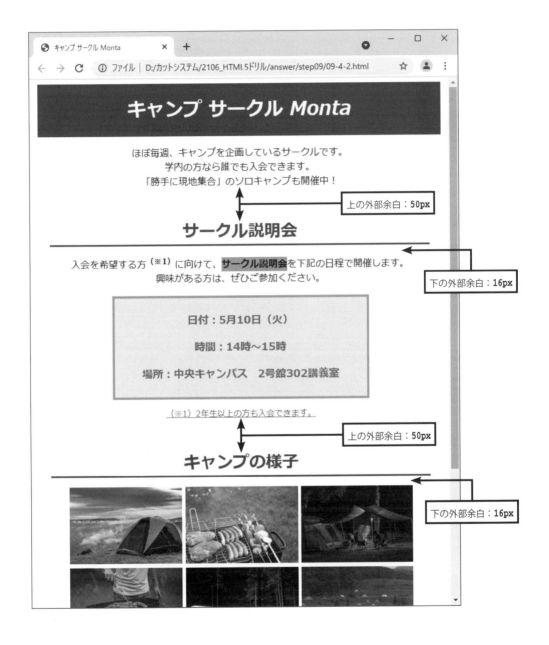

（3）**h1**要素と**h2**要素が同じ幅で表示されるように、**h1**要素の**width**プロパティの値を変更
してみましょう。

> **Hint：h1**要素には「**20px**の内部余白」が指定されています。このため、実際に表示される幅は
> 左右に**20px**ずつ大きくなります。

（4）演習（3）で作成したHTMLを「**09-4-4camp.html**」という名前でファイルに保存してみま
しょう。

Step 10 角丸、影、半透明のCSS

10-1 角丸の指定

（1）ステップ09で保存した「09-4-4camp.html」を開き、**img**要素と**"card"**のクラス名に、以下の書式を指定（追加）してみましょう。

> 角丸 ………………………………… **15px**

Hint：角丸は**border-radius**プロパティで指定します。

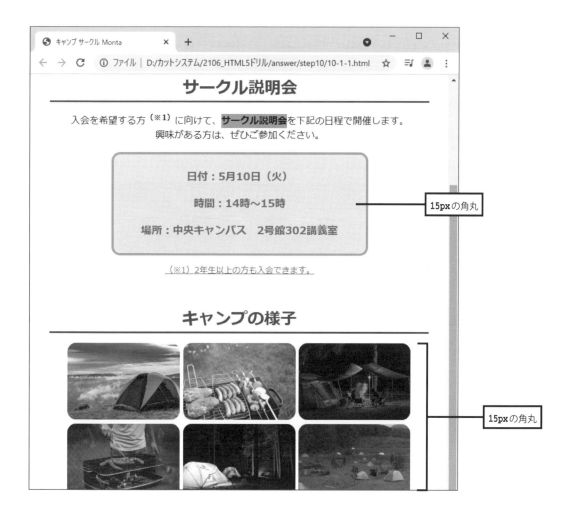

（1）**img** 要素に、以下の書式を追加してみましょう。

> 外部余白 ……………… **10px**
>
> 影 …………………………… 右に **5px** ずらす、下に **5px** ずらす、**10px** ぼかす、（色）**#333333**

Hint：影は **box-shadow** プロパティで指定します。

外部余白 **10px**、影を指定

10-3　半透明の指定

（1）img要素に、以下の書式を追加してみましょう。

半透明 ………………………………… 不透明度**0.6**

Hint：半透明は**opacity**プロパティで指定します。

半透明で表示

（2）**画像の上にマウスを移動**すると、画像の**半透明を解除**する（不透明度を**1.0**にする）書式を指定してみましょう。

Hint：**オンマウス時**のCSSは、**img:hover{……}** で指定します。

オンマウス時は
半透明を解除

（3）演習（2）で作成したHTMLを「**10-3-3camp.html**」という名前でファイルに保存してみましょう。

Step 11 div要素とspan要素

11-1 div要素を使ったグループ化

（1）ステップ10で保存した「10-3-3camp.html」を開き、以下の図に示した**p要素**から **"card"** のクラス名を削除してみましょう。さらに、**"card"** のクラス名に指定したCSS を削除してみましょう。

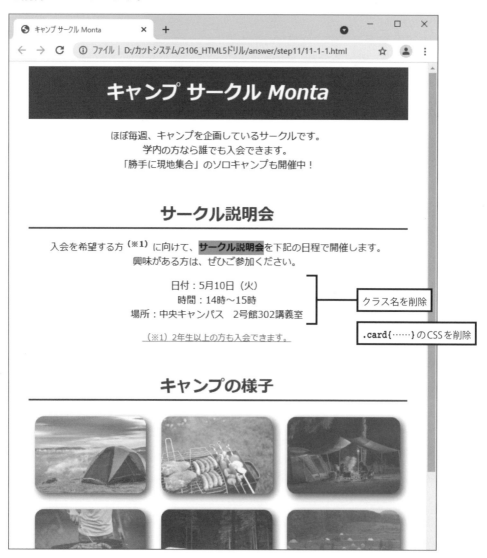

（2）以下の図に示した範囲を**div**要素で囲み、**"info"**のクラス名を指定してみましょう。

（3）「サークル説明会」の**h2**要素を削除してみましょう。

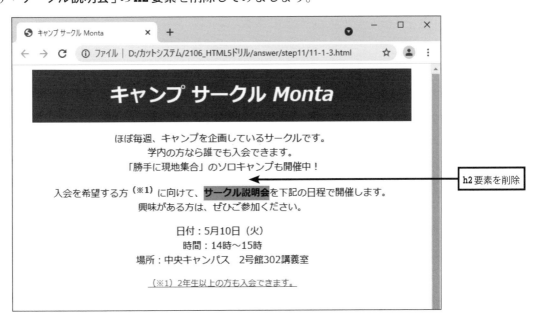

（4）**"info"** のクラス名に、以下の書式を指定してみましょう。

背景色 ·················	**#EEEECC**
枠線 ·················	（線種）破線、（太さ）**3px**、（色）**#FF9933**
内部余白 ·················	**10px**
幅 ·················	**624px**
外部余白 ·················	（上下）**50px**、（左右）**auto**

Hint：「上下」、「左右」の外部余白を指定するときは、**半角スペース**で区切って２つの値を **margin** プロパティに記述します。

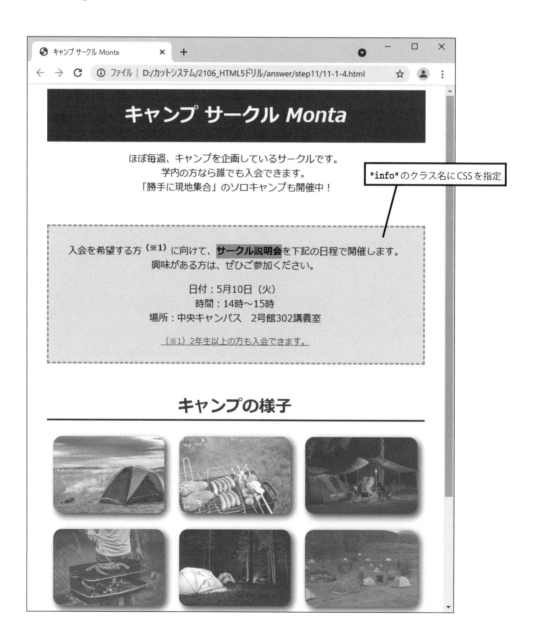

（1）「ソロキャンプ」の文字を**span**要素で囲み、**"red_bold"**のクラス名を指定してみましょう。

```
    ⋮
<body>
<h1>キャンプ サークル <i>Monta</i></h1>
<p>ほぼ毎週、キャンプを企画しているサークルです。<br>
学内の方なら誰でも入会できます。<br>
「勝手に現地集合」の<span class="red_bold">ソロキャンプ</span>も開催中！</p>
    ⋮
```

（2）**"red_bold"**のクラス名に、以下の書式を指定してみましょう。

文字の色	……………………	**red**
文字の太さ	……………………	太字

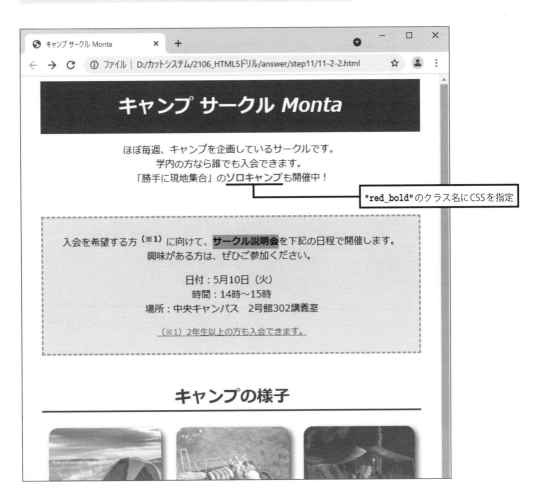

（3）**mark**要素に指定した**CSS**を削除してみましょう。続いて、「サークル説明会」の文字から **mark**要素と**b**要素を削除し、代わりにクラス名 **"red_bold"** の**span**要素を指定してみましょう。

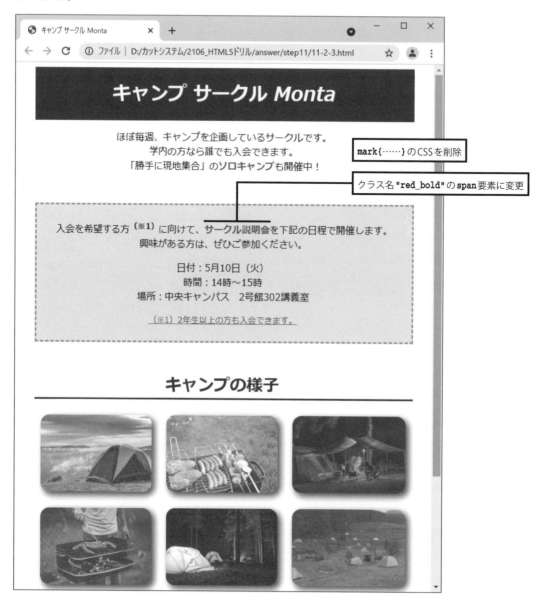

（4）演習（3）で作成したHTMLを「**11-2-4camp.html**」という名前でファイルに保存してみましょう。

Step 12 回り込みのCSS

12-1 回り込みの指定

（1）ステップ11で保存した「11-2-4camp.html」を開き、以下の位置に「camp-00.jpg」の画像を挿入してみましょう。また、この画像の**img**要素に**"pos_left"**のクラス名を指定してみましょう。

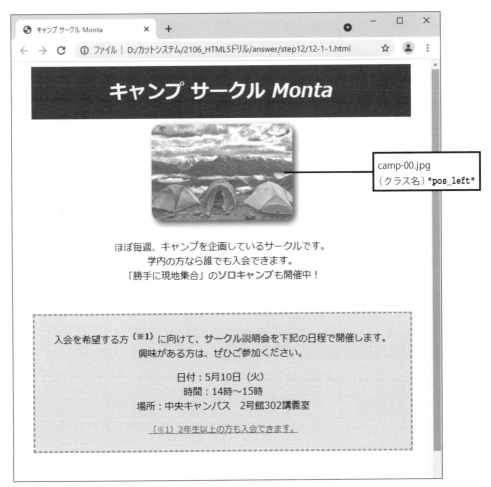

Hint：p要素の前に**img**要素を記述します。

※画像ファイルは、**https://cutt.jp/books/978-4-87783-848-5/** からダウンロードできます。

※HTMLファイルと**同じフォルダー**に画像ファイルを保存します。

（2）**"pos_left"** のクラス名に、以下の書式を指定してみましょう。

回り込み ………………………… 左寄せ

Hint：回り込みは **float** プロパティで指定します。

「左寄せ」の回り込みで配置

（3）以下の位置に **br** 要素を挿入し、**"clear"** のクラス名を指定してみましょう。また、**"clear"** のクラス名に、以下の書式を指定してみましょう。

回り込みの解除 …………… 左右の回り込みを両方とも解除

Hint：回り込みの解除は **clear** プロパティで指定します。

br 要素を挿入し、回り込みを解除

（4）以下の図に示した範囲を**div要素**で囲み、**"lead"**のクラス名を指定してみましょう。また、**"lead"**のクラス名に、以下の書式を指定してみましょう。

幅	**650px**
外部余白	（上下）**25px**、（左右）**auto**

クラス名**"lead"**の**div**要素で囲む
（**br**要素を含む）

12-2　CSSを適用する要素の限定

（1）以下の図に示した範囲を**div**要素で囲み、**"photos"**のクラス名を指定してみましょう。

クラス名**"photos"**の**div**要素で囲む

（2）**img**要素に指定していたCSSを、「**クラス名"photos"**の中にある**img**要素」に限定してみましょう。

```
      ⋮
img{
   border-radius: 15px;
   margin: 10px;
   box-shadow: 5px 5px 10px #333333;
   opacity: 0.6;
}
img:hover{
   opacity: 1.0;
}
      ⋮
```

```
      ⋮
.photos img{
   border-radius: 15px;
   margin: 10px;
   box-shadow: 5px 5px 10px #333333;
   opacity: 0.6;
}
.photos img:hover{
   opacity: 1.0;
}
      ⋮
```

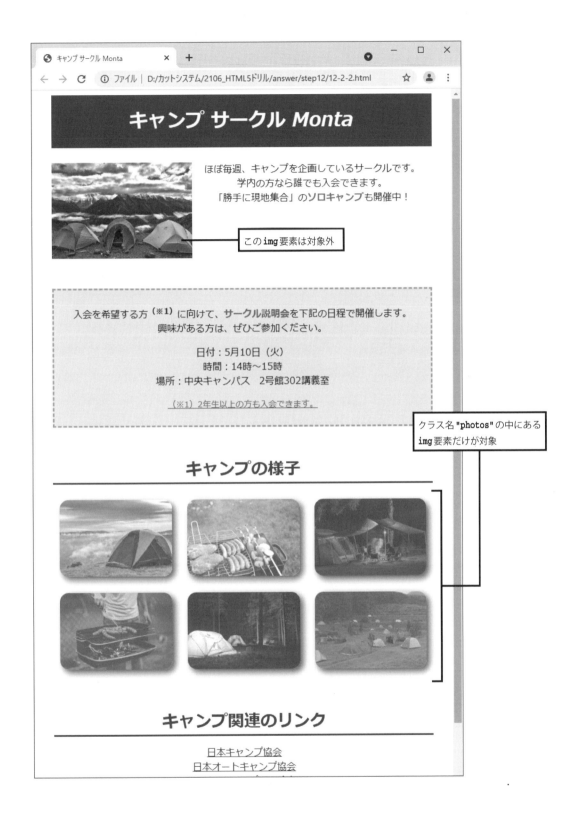

このimg要素は対象外

クラス名 **"photos"** の中にある
img要素だけが対象

（3）演習（2）で作成したHTMLを「12-2-3camp.html」という名前でファイルに保存してみましょう。

Step 13 リンクのCSS

13-1 リンクの書式指定

（1）ステップ12で保存した「12-2-3camp.html」を開き、以下の図に示した**p要素**に **"links"** のID名を指定してみましょう。

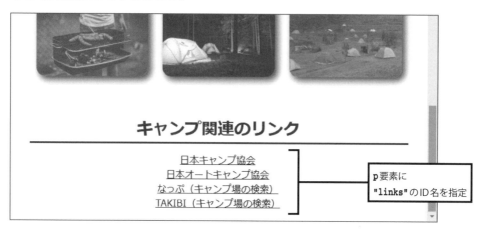

（2）「ID名 **"links"** の中にある**a要素**」に、以下の書式を指定してみましょう。

文字サイズ ……………………… **20px**

Hint：**#links a{……}** という形でCSSを記述します。

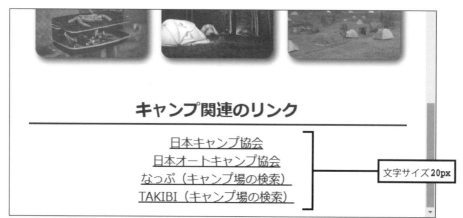

13-2 疑似クラスを使ったリンクの書式指定

（1）**訪問済みのリンク**に、以下の書式を指定してみましょう。

文字の色 ………………………	**#999999**

Hint：`#links a:visited{……}` という形でCSSを記述します。

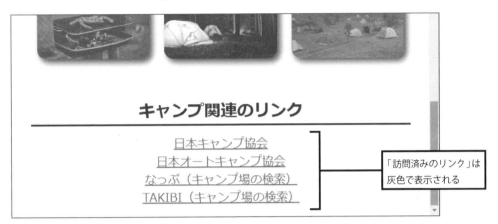

（2）**リンクの上にマウスを移動**すると、以下のように書式を変更するCSSを指定してみましょう。

文字の色 ………………………	**#FF0000**
文字の太さ ………………………	太字

Hint：`#links a:hover{……}` という形でCSSを記述します。

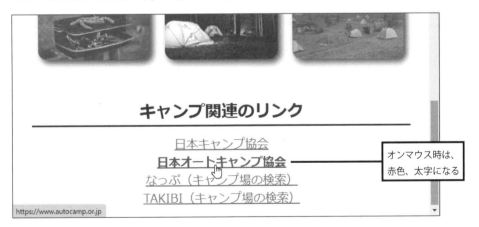

（3）演習（2）で作成したHTMLを「**13-2-3camp.html**」という名前でファイルに保存してみましょう。

フレックスボックスのCSS

14-1 フレックスボックスの指定

（1）https://cutt.jp/books/978-4-87783-848-5/ から「演習用ファイル」をダウンロードし、「14-0-0.html」を開いてみましょう。また、このWebページのHTMLとCSSを確認してみましょう。

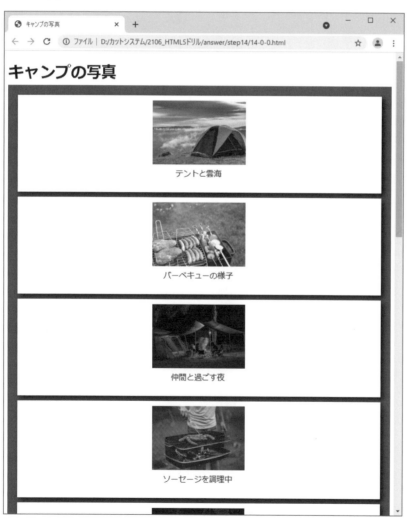

（2）クラス名 **"album"** の **div** 要素をフレックスコンテナに変更してみましょう。

Hint：フレックスコンテナへの変更は、**display** プロパティで指定します。

※ **"album"** のクラス名に CSS を追加します。

14-2　アイテムの配置

（1）フレックスアイテムの配置を「折り返す」に変更してみましょう。

Hint：折り返し方法は **flex-wrap** プロパティで指定します。

（2）フレックスアイテムの配置を「**左右に等間隔**」に変更してみましょう。

　　Hint：左右の配置は`justify-content`プロパティで指定します。

「左右に等間隔」で配置

（3）Webブラウザの**ウィンドウサイズを変更**すると、フレックスアイテムの配置が変化することを確認してみましょう。

Step 15 表の作成

15-1 表の作成

（1）新しいHTMLファイルに、以下の図のように表（**table**）を作成してみましょう。

7月のスケジュール				
日付	**場所**	**分類**	**集合**	**予約**
7/2（土）	絹川キャンプ場	グループキャンプ	2号館入口 14時30分	必要
7/16（土）	袋崎湖キャンプ場	ソロキャンプ	勝手に現地集合	不要
7/17（日）	袋崎湖キャンプ場	グループキャンプ	袋崎湖バス停 10時30分	不要
7/23（土）	戸糸山キャンプ場	ソロキャンプ	勝手に現地集合	不要
7/30（土）	絹川キャンプ場	グループキャンプ	2号館入口 14時30分	必要

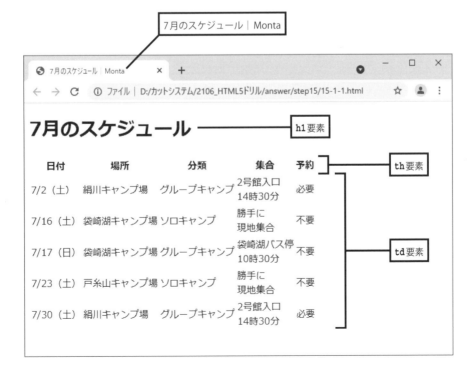

（1）th要素とtd要素に、以下の書式を指定してみましょう。

> 枠線 ……………………………（線種）実線、（太さ）**2px**、（色）**#666666**

Hint：th要素とtd要素に同じ書式を指定するときは、**th, td**{……}とCSSを記述します。

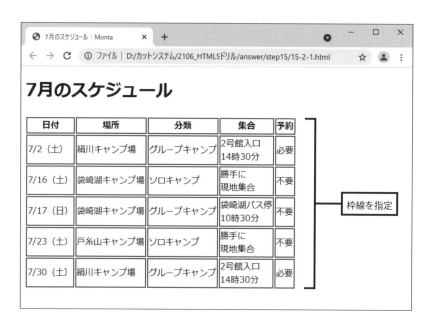

（2）セルの間隔を「なし」にする書式を**table**要素に指定してみましょう。
Hint：セルの間隔は**border-collapse**プロパティで指定します。

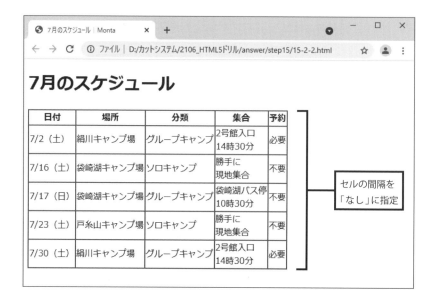

（1）**th**要素と**td**要素に、以下の書式を追加してみましょう。

幅 ………………………………	**120px**
行揃え ………………………	中央揃え

7月のスケジュール

日付	場所	分類	集合	予約
7/2（土）	絹川キャンプ場	グループキャンプ	2号館入口 14時30分	必要
7/16（土）	袋崎湖キャンプ場	ソロキャンプ	勝手に 現地集合	不要
7/17（日）	袋崎湖キャンプ場	グループキャンプ	袋崎湖バス停 10時30分	不要
7/23（土）	戸糸山キャンプ場	ソロキャンプ	勝手に 現地集合	不要
7/30（土）	絹川キャンプ場	グループキャンプ	2号館入口 14時30分	必要

セルの書式を指定

（2）**th**要素と**td**要素の書式を、以下のように変更してみましょう。

幅 ………………………………	指定なし（CSSを削除）
内部余白 …………………………	（上下）**5px**、（左右）**15px**

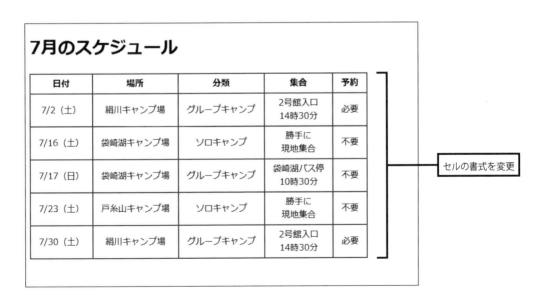

7月のスケジュール

日付	場所	分類	集合	予約
7/2（土）	絹川キャンプ場	グループキャンプ	2号館入口 14時30分	必要
7/16（土）	袋崎湖キャンプ場	ソロキャンプ	勝手に 現地集合	不要
7/17（日）	袋崎湖キャンプ場	グループキャンプ	袋崎湖バス停 10時30分	不要
7/23（土）	戸糸山キャンプ場	ソロキャンプ	勝手に 現地集合	不要
7/30（土）	絹川キャンプ場	グループキャンプ	2号館入口 14時30分	必要

セルの書式を変更

（3）「**必要**」の文字に、以下の書式を指定してみましょう。

文字の色	**#FF0000**
文字の太さ	太字

Hint：**td**要素に "alert" などの**クラス名**を指定し、このクラス名に対して**CSS**を記述します。

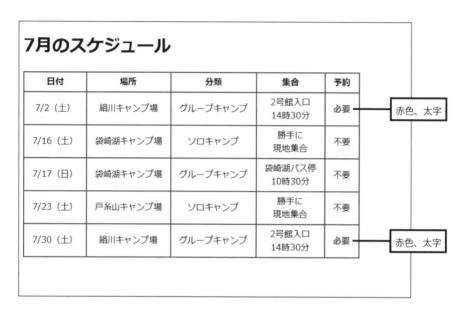

15-4　行のグループ化

（1）**thead**要素と**tbody**要素を使って、行をグループ化してみましょう。

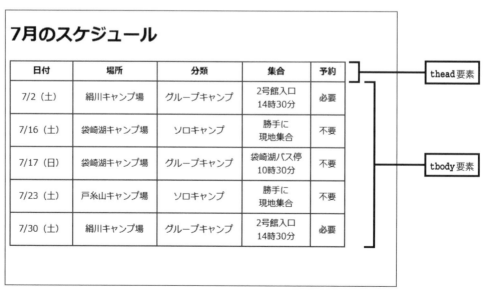

（2）**thead**要素に、以下の書式を指定してみましょう。

> 背景色 ……………………………… #99CC99

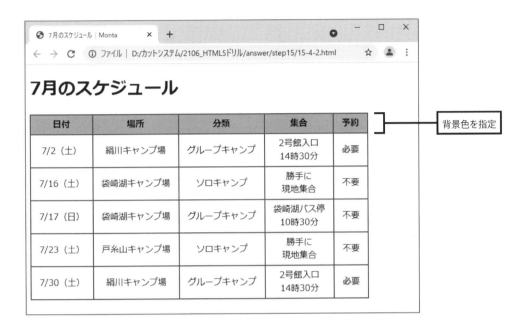

背景色を指定

（3）**tbody**要素に、以下の書式を指定してみましょう。

> 文字サイズ ……………………………… 15px
> 背景色 ……………………………… #FFFF99

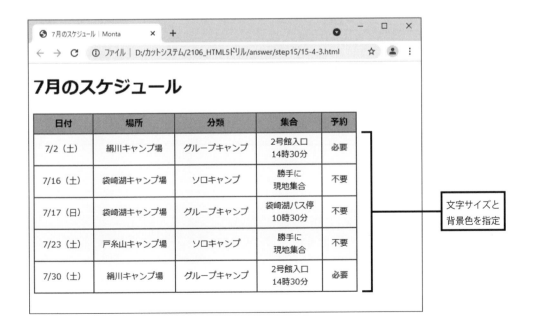

文字サイズと
背景色を指定

15-5　セルの結合

（1）以下の図のように、「袋崎湖キャンプ場」のセルを結合してみましょう。

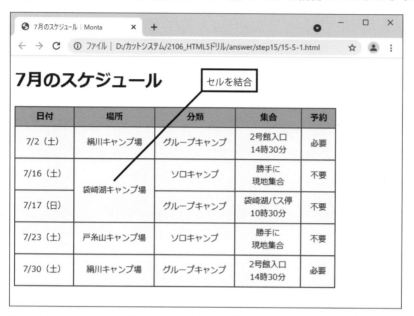

Hint：セルを下方向に結合するときは、**td**要素に**rowspan**属性を記述します。

15-6　表の中央揃え

（1）以下の図のように、ページ全体を「**中央揃え**」で配置してみましょう。

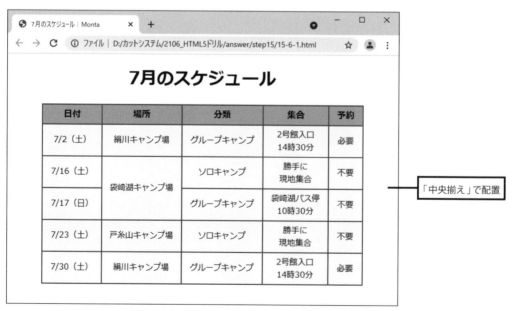

Hint：**body**要素と**table**要素に、それぞれ適切な**CSS**を記述します。

Step 16 リストの作成

リストの作成

16-1 リストの作成

（1）新しいHTMLファイルに、以下の図のように**リスト**を作成してみましょう。

各自で用意するもの

軍手
食器、コップ、箸、フォークなど
飲み物（お酒、お茶など）
※食材は買い出し班が用意します。
アウトドアチェア（椅子）
寝袋
携帯用ライト
虫よけ、日焼け止め

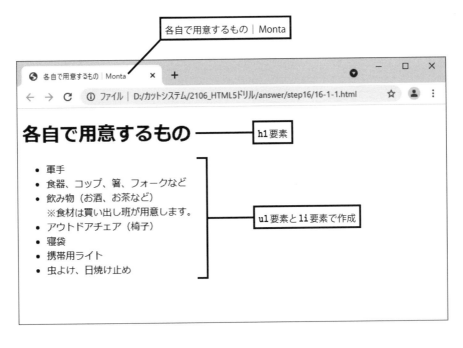

各自で用意するもの｜Monta

16-2 マーカーの指定

（1）**ul**要素に、以下の書式を指定してみましょう。

> マーカーの種類 ……………… **circle**（白丸）

Hint：マーカーの種類は**list-style-type**プロパティで指定します。

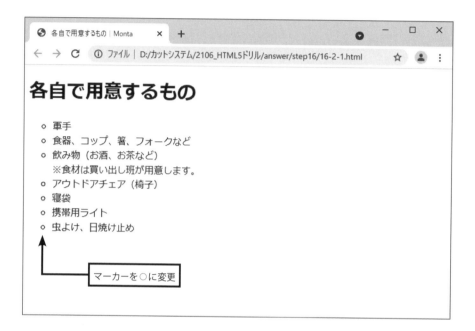

（2）リストを「**マーカーなし**」に変更してみましょう。

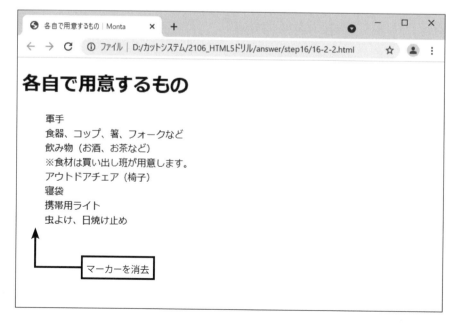

（1）**li**要素に、以下の書式を指定してみましょう。

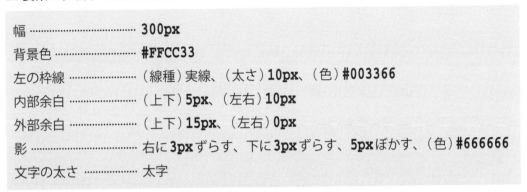

幅 ‥‥‥‥‥‥‥‥‥‥	**300px**
背景色 ‥‥‥‥‥‥‥‥	**#FFCC33**
左の枠線 ‥‥‥‥‥‥‥	（線種）実線、（太さ）**10px**、（色）**#003366**
内部余白 ‥‥‥‥‥‥‥	（上下）**5px**、（左右）**10px**
外部余白 ‥‥‥‥‥‥‥	（上下）**15px**、（左右）**0px**
影 ‥‥‥‥‥‥‥‥‥‥	右に**3px**ずらす、下に**3px**ずらす、**5px**ぼかす、（色）**#666666**
文字の太さ ‥‥‥‥‥	太字

Hint：左の枠線は**border-left**プロパティで指定します。

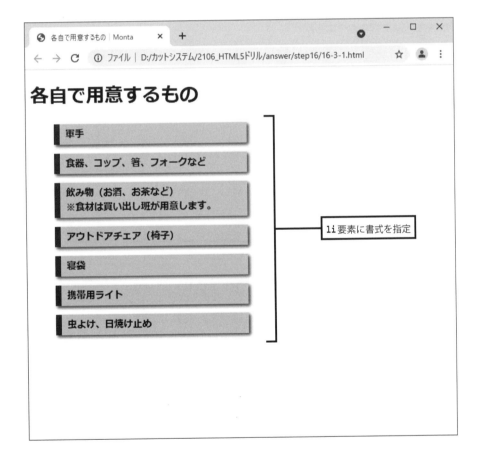

（2）**ul**要素に、以下の書式を追加してみましょう。

> 左の内部余白 …………………… **10px**

Hint：左の内部余白は**padding-left**プロパティで指定します。

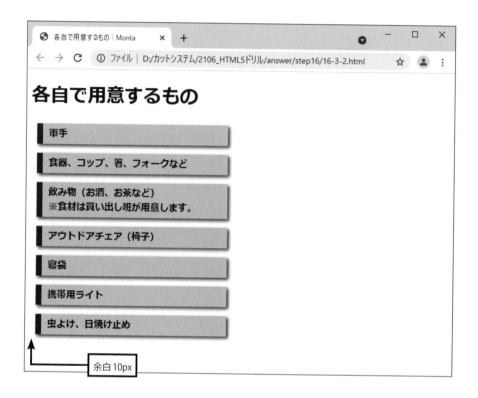

（3）「※食材は買い出し班が用意します。」の太字を解除し、文字サイズを**14px**に変更してみましょう。

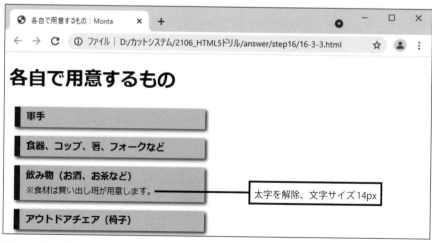

Hint：文字を**span**要素で囲み、"note"などの**クラス名**を指定します。続いて、この**クラス名**に対してCSSを記述します。

Step 17 ページレイアウトの作成

17-1 ページ幅を固定してウィンドウ中央に配置

（1）https://cutt.jp/books/978-4-87783-848-5/ から「演習用ファイル」をダウンロードし、「17-0-0.html」を開いてみましょう。続いて、ページ全体をID名 **"container"** の div 要素で囲んでみましょう。

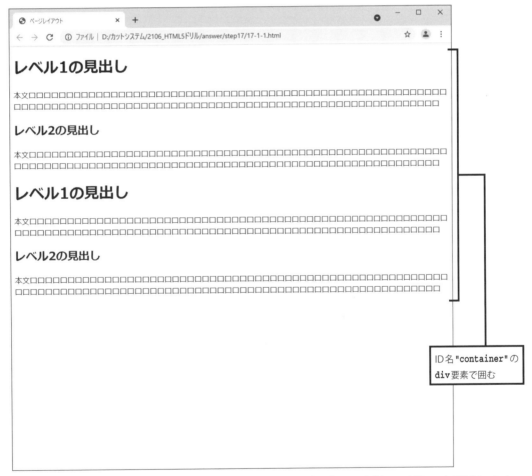

ID名 **"container"** の **div** 要素で囲む

Hint：**\<body\>** の直後に **\<div id="container"\>**、**\</body\>** の直前に **\</div\>** を記述します。

（2）演習（1）で記述した**div**要素に、「全体を囲むコンテナ」というコメント文を追加してみましょう。

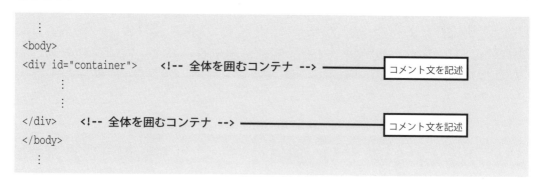

（3）**body**要素と**"container"**のID名に、以下の書式を指定してみましょう。

■**body**要素に指定する書式

背景色	#999999

■**"container"**のID名に指定する書式

幅	800px
外部余白	auto
背景色	#FFFFFF

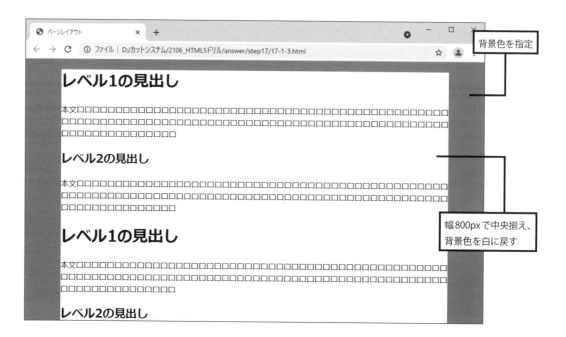

（1）すべての要素を対象に、内部余白と外部余白を**0px**にする書式を指定してみましょう。

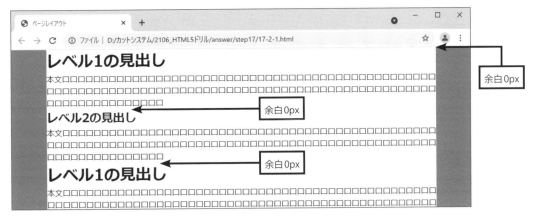

Hint：すべての要素を対象にするときは、＊{……}とCSSを記述します。

（1）**header**要素を使って、ヘッダーのHTMLを以下のように記述してみましょう。

```
        ⋮
<body>
<div id="container">    <!-- 全体を囲むコンテナ -->

<header>
  <div id="sub_title">サブタイトル</div>      ┐ HTMLを記述
  <div id="main_title">メインタイトル</div>   ┘
</header>

<h1>レベル1の見出し</h1>
        ⋮
```

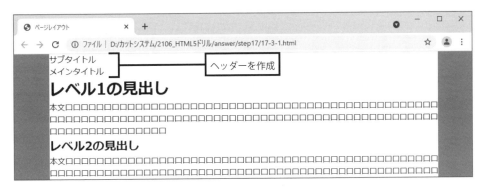

（2）**header**要素に、以下の書式を指定してみましょう。

背景画像 ………………………	**header.jpg**
内部余白 ………………………	（上）**120px**、（左右）**15px**、（下）**0px**
高さ …………………………	**80px**
文字の色 ……………………	**#FFFFFF**
行揃え ………………………	右揃え
文字の太さ …………………	太字

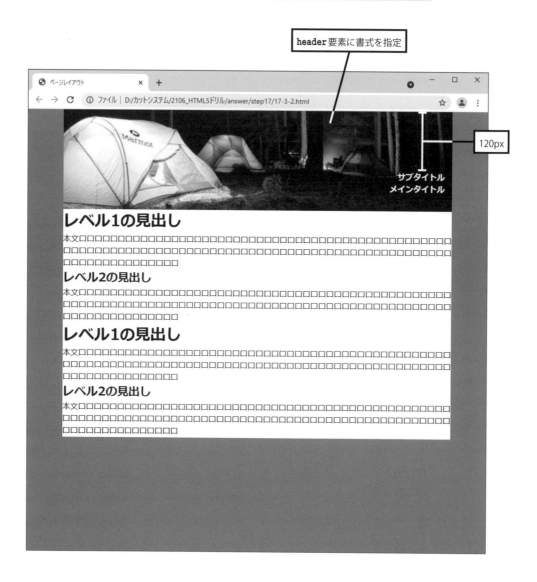

header 要素に書式を指定

120px

（3）ヘッダー内にある文字に、以下の書式を指定してみましょう。

■ **"sub_title"** の ID 名に指定する書式

文字サイズ ……………………… **18px**

■ **"main_title"** の ID 名に指定する書式

文字サイズ ……………………… **36px**

（4）「ヘッダーに関連する CSS」と一目でわかるように、**CSS のコメント文**を記述してみましょう。

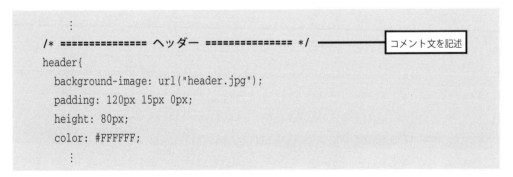

Hint：「=」（イコール）の数は適当で構いません。

17-4　ナビゲーションメニューの作成

（1）**nav**要素を使って、ナビゲーションメニューのHTMLを以下のように記述してみましょう。

```
          :
<body>
<div id="container">      <!-- 全体を囲むコンテナ -->

<nav>
  <ul>
    <li><a href="index.html">ホーム</a></li>
    <li><a href="schedule.html">日程</a></li>
    <li><a href="booking.html">予約</a></li>
    <li><a href="links.html">リンク</a></li>
    <li><a href="contact.html">お問い合わせ</a></li>
  </ul>
</nav>
          :
```

HTMLを記述

ナビゲーションメニューを作成

（2）「**nav**要素の中にある**ul**要素」をフレックスコンテナに変更し、フレックスアイテムを「右揃え」で配置してみましょう。

フレックスコンテナに変更し、
「右揃え」で配置

Hint：nav ul{……}という形でCSSを記述します。

（3）ナビゲーションメニューの各要素に、以下の書式を指定してみましょう。

■「nav要素の中にあるul要素」に追加する書式

マーカーの種類 ················· マーカーなし
内部余白 ······················ （上）**15px**、（左右）**5px**、（下）**5px**

■「nav要素の中にあるli要素」に指定する書式

左の外部余白 ················· **20px**
文字サイズ ···················· **18px**

■「nav要素の中にあるa要素」に指定する書式

文字の色 ···················· **#666666**
装飾線 ······················ 装飾なし（下線なし）

■「nav要素の中にあるa要素」（マウスオーバー時）に指定する書式

文字の色 ···················· **#336633**
文字の太さ ·················· 太字

ナビゲーションメニューの書式を指定

（4）「ナビゲーションメニューに関連するCSS」と一目でわかるように、**CSSのコメント文**を記述してみましょう。

```
     :
/* =========== ナビゲーション =========== */
nav ul{
  display: flex;
  justify-content: flex-end;
     :
```

コメント文を記述

Hint：「＝」（イコール）の数は適当で構いません。

（1）h1要素、h2要素、p要素に、以下の書式を指定してみましょう。

■h1要素に指定する書式

外部余白 …………………………	（上）50px、（左右）15px、（下）15px
下の枠線 …………………………	（線種）実線、（太さ）3px、（色）#336633
文字サイズ ……………………	28px
文字の色 ……………………	#336633

■h2要素に指定する書式

外部余白 …………………………	（上）20px、（左右）15px、（下）0px
文字サイズ ……………………	22px
文字の色 ……………………	#336633

■p要素に指定する書式

外部余白 …………………………	（上下）0px、（左右）15px
文字サイズ ……………………	16px

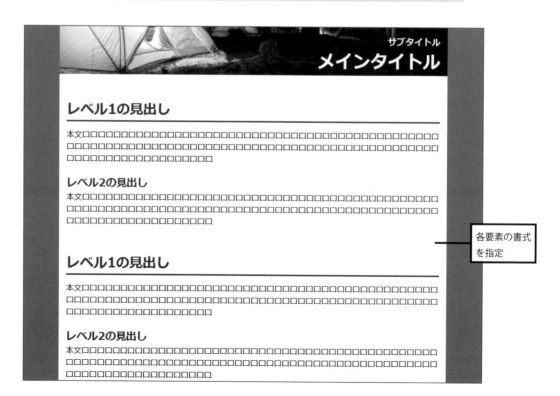

各要素の書式
を指定

（2）「メインコンテンツに関連するCSS」と一目でわかるように、**CSSのコメント文**を記述してみましょう。

```
        :
/* ========== メインコンテンツ ========== */ ←──────  コメント文を記述
h1{
   margin: 50px 15px 15px;
   border-bottom: solid 3px #336633;
        :
```

Hint：「＝」（イコール）の数は適当で構いません。

17-6 フッターの作成

（1）**footer要素**を使って、フッターのHTMLを以下のように記述してみましょう。

```
      :
<footer>
  <ul>
    <li><a href="index.html">ホーム</a></li>
    <li><a href="schedule.html">日程</a></li>
    <li><a href="booking.html">予約</a></li>
    <li><a href="links.html">リンク</a></li>
    <li><a href="contact.html">お問い合わせ</a></li>
  </ul>
  <div id="copyright">Copyright (C) 20XX 名前 All rights reserved.</div>
</footer>                                    └──── 「西暦」と「自分の名前」を入力

</div>   <!-- 全体を囲むコンテナ -->
</body>
      :
```

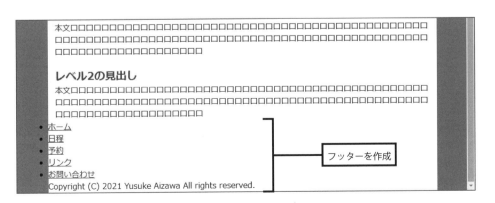

（2）footer要素に、以下の書式を指定してみましょう。

背景色 ………………………	#000000
外部余白 ……………………	（上）50px、（左右）0px、（下）0px
内部余白 ……………………	15px
文字の色 ……………………	#FFFFFF

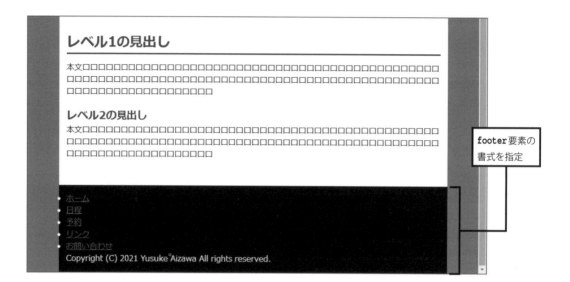

footer要素の
書式を指定

（3）「footer要素の中にあるul要素」に、以下の書式を指定してみましょう。

マーカーの種類 ……………	マーカーなし
文字サイズ …………………	14px

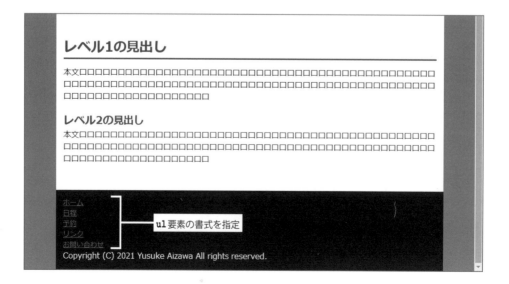

ul要素の書式を指定

（4）「footer要素の中にあるa要素」、"copyright"のID名に、以下の書式を指定してみましょう。

■「footer要素の中にあるa要素」に指定する書式

文字の色 ………………………… #FFFFFF
装飾線 …………………………… 装飾なし（下線なし）

■「footer要素の中にあるa要素」（マウスオーバー時）に指定する書式

文字の色 ………………………… #FF0000
文字の太さ ……………………… 太字

■ "copyright"のID名に指定する書式

上の外部余白 …………………… **30px**
文字サイズ ……………………… **12px**
行揃え …………………………… 右揃え

本文□□

レベル2の見出し
本文□□□

レベル1の見出し

本文□□□

レベル2の見出し
本文□□□

各要素の書式を指定

ホーム
日程
予約
リンク
お問い合わせ

Copyright (C) 2021 Yusuke Aizawa All rights reserved.

（5）「フッターに関連するCSS」と一目でわかるように、**CSSのコメント文**を記述してみましょう。

```
        ⋮
/* ============== フッター ============== */ ──────→ コメント文を記述
footer{
  background-color: #000000;
  margin: 50px 0px 0px;
        ⋮
```

Hint：「＝」（イコール）の数は適当で構いません。

17-7 ページレイアウトの保存

（1）完成したページレイアウトを「17-7-1format.html」という名前でファイルに保存してみましょう。

完成した
ページレイアウト

Step 18 CSS ファイルの活用

18-1 CSSファイルの作成と読み込み

（1）ステップ17で作成した「17-7-1format.html」を開き、**<style> ～ </style>**の中に記述したCSSをもとに「style.css」を作成してみましょう。

   Hint：CSSファイルの先頭に「文字コードの指定」（**@charset**）を記述します。

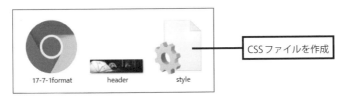

CSSファイルを作成

（2）「17-7-1format.html」から**<style> ～ </style>**を削除し、代わりに「style.css」を読み込む**link**要素を記述してみましょう。その後、「18-1-2format.html」という名前で保存してみましょう。

読み込まれたCSSファイルで書式が指定される

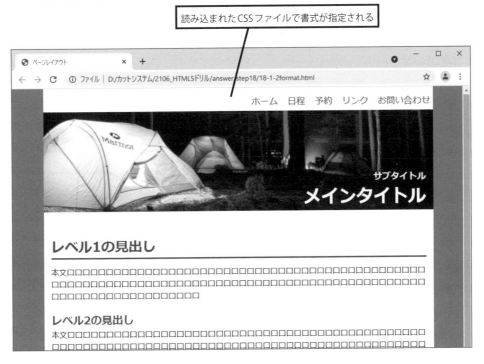

18-2 CSSファイルを複数のHTMLファイルで活用

（1）「18-1-2format.html」を複製し、ファイル名を「index.html」に変更してみましょう。
その後、「index.html」の内容を以下のように変更してみましょう。

Hint：「Ctrl」キーを押しながらファイルをドラッグ＆ドロップすると、そのファイルを複製できます。

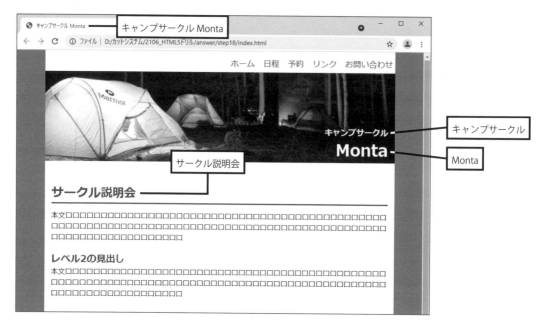

（2）もういちど「18-1-2format.html」を複製し、「schedule.html」という名前で保存してみましょう。その後、「schedule.html」の内容を以下のように変更してみましょう。

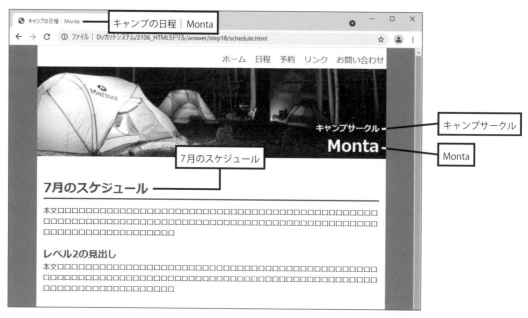

Step 19 インラインフレームの作成

19-1 別のWebページの表示

（1）新しいHTMLファイルを作成し、**iframe**要素を使って、以下の図のように「**別のWebページ**」を表示してみましょう。

日本各地の天気

（表示するWebページのURL）………… https://tenki.jp/lite/

19-2　Googleマップの埋め込み

（1）新しいHTMLファイルを作成し、「高田馬場駅」のGoogleマップを埋め込んでみましょう。

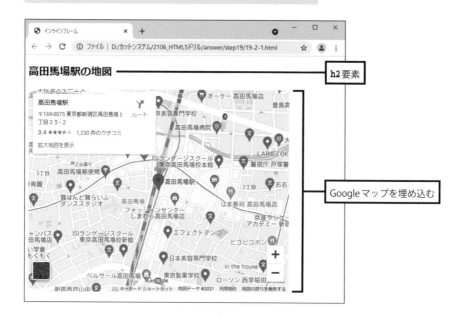

（手順）

① Googleマップの Webサイト（https://www.google.co.jp/maps/）を表示します。

②「高田馬場駅」のキーワードで検索します。

③ ☰（メニュー）をクリックし、「地図を共有または埋め込む」を選択します。

④「地図を埋め込む」を選択します。

⑤「HTMLをコピー」をクリックし、表示された**iframe**要素をコピーします。

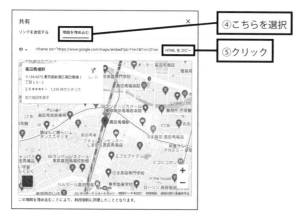

⑥ HTMLの編集画面に戻り、［Ctrl］＋［V］キーを押して**iframe**要素を適切な位置に貼り付けます。

Step 20 フォームの作成

20-1 テキストボックス

（1）新しいHTMLファイルを作成し、**label**要素と**input**要素を使って、以下の図のように
テキストボックスを表示してみましょう。

予約フォーム
氏名：　　　　　　　　　　　　メールアドレス：

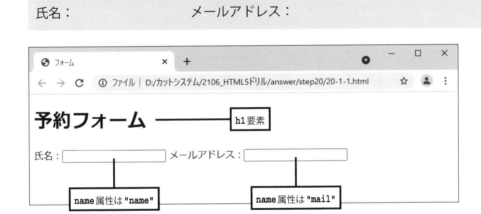

（2）それぞれの項目をクラス名 **"form_item"** の**div**要素で囲み、**"form_item"** のクラス名
に以下の書式を指定してみましょう。

下の外部余白 ·················· **40px**

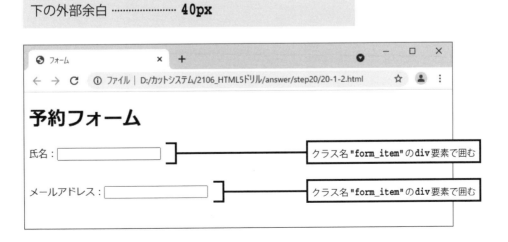

（1）**label**要素と**input**要素を使って、以下の図のようにチェックボックスとラジオボタン
を表示してみましょう。

参加希望日：
    8/6（土）   8/20（土）   8/27（土）

テントを持参できますか？
    はい   いいえ

Hint：チェックボックス ……………… **input** 要素の**name**属性に **"date"** を指定します。
         ラジオボタン ………………………… **input** 要素の**name**属性に **"tent"** を指定します。

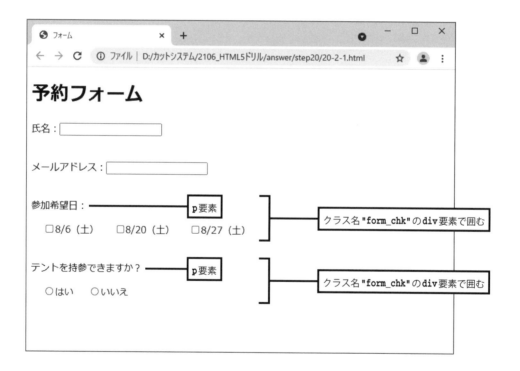

■ **"form_chk"** のクラス名に指定する書式

下の外部余白 ………………… **40px**

■「クラス名 **"form_chk"** の中にある**input** 要素」に指定する書式

左の外部余白 ………………… **25px**

20-3 セレクトメニュー

（1）**select**要素と**option**要素を使って、以下の図のようにセレクトメニューを表示してみましょう。

> キャンプへの参加回数は？
> 初めて
> 2回目
> 3回目
> 4回目
> 5回以上

Hint：**select**要素の**name**属性に**"times"**を指定します。

　　　　option要素の**value**属性は「指定なし」で構いません。

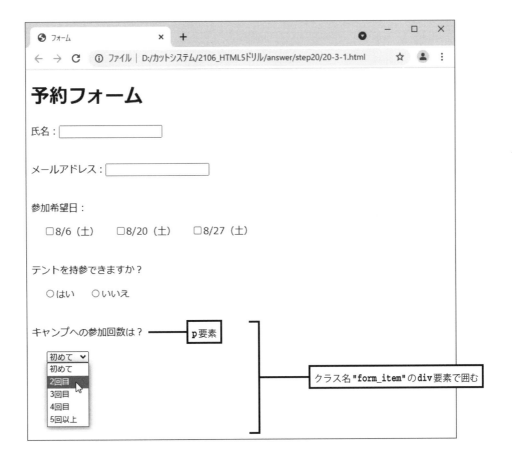

■**select**要素に指定する書式

左の外部余白 ……………… **25px**

ご質問がある場合は・・・

本書の内容についてご質問がある場合は、本書の書名ならびに掲載箇所のページ番号を明記の上、FAX・郵送・Eメールなどの書面にてお送りください（宛先は下記を参照）。電話でのご質問はお断りいたします。また、本書の内容を超えるご質問に関しては、回答を控えさせていただく場合があります。

新刊書籍、執筆陣が講師を務めるセミナーなどをメールでご案内します

登録はこちらから

https://www.cutt.co.jp/ml/entry.php

情報演習 �61
HTML5 & CSS3ドリルブック

2021年8月25日　初版第1刷発行

著 者	相澤 裕介
発行人	石塚 勝敏
発 行	株式会社 カットシステム
	〒169-0073 東京都新宿区百人町4-9-7　新宿ユーエストビル8F
	TEL　（03）5348-3850　　FAX　（03）5348-3851
	URL　https://www.cutt.co.jp/
	振替　00130-6-17174
印 刷	シナノ書籍印刷 株式会社

本書に関するご意見、ご質問は小社出版部宛まで文書か、sales@cutt.co.jp宛にe-mailでお送りください。電話によるお問い合わせはご遠慮ください。また、本書の内容を超えるご質問にはお答えできませんので、あらかじめご了承ください。

Cover design *Y.Yamaguchi*　　　　　　　　Copyright©2021　相澤 裕介
Printed in Japan　ISBN 978-4-87783-848-5

30ステップで基礎から実践へ！ ステップバイステップ方式で確実な学習効果をねらえます

留学生向けのルビ付きテキスト（漢字にルビをふってあります）

情報演習 C ステップ 30 （Windows 10 版）
留学生のためのタイピング練習ワークブック
ISBN978-4-87783-800-3／定価 880円 税10%

情報演習 38 ステップ 30
留学生のための Word 2016 ワークブック
ISBN978-4-87783-795-2／定価 990円 税10% 本文カラー

情報演習39ステップ30
留学生のための Excel 2016 ワークブック
ISBN978-4-87783-796-9／定価 990円 税10% 本文カラー

情報演習 42 ステップ 30
留学生のための PowerPoint 2016 ワークブック
ISBN978-4-87783-805-8／定価 990円 税10% 本文カラー

情報演習 49 ステップ 30
留学生のための Word 2019 ワークブック
ISBN978-4-87783-789-1／定価 990円 税10% 本文カラー

情報演習 50 ステップ 30
留学生のための Excel 2019 ワークブック
ISBN978-4-87783-790-7／定価 990円 税10% 本文カラー

情報演習 51 ステップ 30
留学生のための PowerPoint 2019 ワークブック
ISBN978-4-87783-791-4／定価 990円 税10% 本文カラー

情報演習 47 ステップ 30
留学生のための HTML5 & CSS3 ワークブック
ISBN978-4-87783-808-9／定価 990円 税10%

情報演習 48 ステップ 30
留学生のための JavaScript ワークブック
ISBN978-4-87783-807-2／定価 990円 税10%

情報演習 43 ステップ 30
留学生のための Python [基礎編] ワークブック
ISBN978-4-87783-806-5／定価 990円 税10%／A4判

留学生向けドリル形式のテキストシリーズ

情報演習 44
留学生のための Word ドリルブック
ISBN978-4-87783-797-6／定価 990円 税10% 本文カラー

情報演習 45
留学生のための Excel ドリルブック
ISBN978-4-87783-798-3／定価 990円 税10% 本文カラー

情報演習 46
留学生のための PowerPoint ドリルブック
ISBN978-4-87783-799-0／定価 990円 税10% 本文カラー

タッチタイピングを身につける

情報演習 B ステップ 30
タイピング練習ワークブック Windows 10 版
ISBN978-4-87783-838-6／本体 880円 税10%

Office のバージョンに合わせて選べる

情報演習 26 ステップ 30
Word 2016 ワークブック 本文カラー
ISBN978-4-87783-832-4／定価 990円 税10%

情報演習 27 ステップ 30
Excel 2016 ワークブック 本文カラー
ISBN978-4-87783-833-1／定価 990円 税10%

情報演習 28 ステップ 30
PowerPoint 2016 ワークブック 本文カラー
ISBN978-4-87783-834-8／定価 990円 税10%

情報演習 55 ステップ 30
Word 2019 ワークブック 本文カラー
ISBN978-4-87783-842-3／定価 990円 税10%

情報演習 56 ステップ 30
Excel 2019 ワークブック 本文カラー
ISBN978-4-87783-843-0／定価 990円 税10%

情報演習 57 ステップ 30
PowerPoint 2019 ワークブック 本文カラー
ISBN978-4-87783-844-7／定価 990円 税10%

Photoshop を基礎から学習

情報演習 30 ステップ 30
Photoshop CS6 ワークブック 本文カラー
ISBN978-4-87783-831-7／定価 1,100円 税10%

ホームページ制作を基礎から学習

情報演習 35 ステップ 30
HTML5 & CSS3 ワークブック [第 2 版]
ISBN978-4-87783-840-9／定価 990円 税10%

情報演習 36 ステップ 30
JavaScript ワークブック [第 3 版]
ISBN978-4-87783-841-6／定価 990円 税10%

コンピュータ言語を基礎から学習

情報演習 31 ステップ 30
Excel VBA ワークブック
ISBN978-4-87783-835-5／定価 990円 税10%

情報演習 32 ステップ 30
C 言語ワークブック 基礎編
ISBN978-4-87783-836-2／定価 990円 税10%

情報演習 6 ステップ 30
C 言語ワークブック
ISBN978-4-87783-820-1／本体 880円 税10%

情報演習 7 ステップ 30
C++ ワークブック
ISBN978-4-87783-822-5／本体 880円 税10%

情報演習 33 ステップ 30
Python [基礎編] ワークブック
ISBN978-4-87783-837-9／定価 990円 税10%

この他のワークブック、内容見本などもございます。
詳細はホームページをご覧ください
https://www.cutt.co.jp/

カラーチャート（**Color chart**）

「RGBの16進数」で色を指定するときは、このカラーチャートを参考にR（赤）、G（緑）、B（青）の階調を指定すると、思いどおりの色をスムーズに指定できます。

#000000	#000033	#000066	#000099	#0000CC	#0000FF
#003300	#003333	#003366	#003399	#0033CC	#0033FF
#006600	#006633	#006666	#006699	#0066CC	#0066FF
#009900	#009933	#009966	#009999	#0099CC	#0099FF
#00CC00	#00CC33	#00CC66	#00CC99	#00CCCC	#00CCFF
#00FF00	#00FF33	#00FF66	#00FF99	#00FFCC	#00FFFF

#330000	#330033	#330066	#330099	#3300CC	#3300FF
#333300	#333333	#333366	#333399	#3333CC	#3333FF
#336600	#336633	#336666	#336699	#3366CC	#3366FF
#339900	#339933	#339966	#339999	#3399CC	#3399FF
#33CC00	#33CC33	#33CC66	#33CC99	#33CCCC	#33CCFF
#33FF00	#33FF33	#33FF66	#33FF99	#33FFCC	#33FFFF

#660000	#660033	#660066	#660099	#6600CC	#6600FF
#663300	#663333	#663366	#663399	#6633CC	#6633FF
#666600	#666633	#666666	#666699	#6666CC	#6666FF
#669900	#669933	#669966	#669999	#6699CC	#6699FF
#66CC00	#66CC33	#66CC66	#66CC99	#66CCCC	#66CCFF
#66FF00	#66FF33	#66FF66	#66FF99	#66FFCC	#66FFFF